아이의 말문이 트일 때부터 3년의 성장 기록

너는 얼마나 자랐을까?

20___년 ___월 ___일에 기록을 시작합니다.

KOREA.COM

세상에서 가장 아름다운 다큐멘터리,
아이 성장기의 3년 기록

아이와의 소중한 현재를 즐기는 기록입니다

이 다이어리는 엄마와 아이가 나누는 3년간의 대화를 기록하는 책입니다. 같은 주제의 대화가 3년에 걸쳐 어떻게 달라져 갔는지를 보는 성장과 성숙의 기록입니다.

3년간 아이는 놀랍게 성장하고 엄마도 같이 성숙합니다. 아이가 빠르게 자라며 변화하는 시기는 인생에서 가장 소중한 시기입니다. 매일매일 한 가지 질문에 답해 가면서 아이와 함께 보내는 세 번의 봄, 여름, 가을, 겨울을 기록으로 남기는 다큐멘터리 같은 책입니다.

때론 엄마가 답하고 때론 아이에게 물어 보세요

이 다이어리는 365개의 질문으로 이루어져 있습니다. 아이가 말문이 트이고 간단한 말로 의사를 표현할 수 있고 엄마와 대화가 가능할 때 이 다이어리를 시작하세요.

질문에 답해야 하는 주제는 때로는 엄마, 때로는 아이입니다. 아이에게 하는 질문( )은 아이의 현재 발달 상태, 감정, 상상력 등 다양한 내용으로 구성되어 있습니다. 엄마 스스로 답해야 하는 질문( )은 아이와 엄마의 관계와 친밀감에 대한 내용입니다. 아이에게 보내는 질문은 답을 구하려는 것이 아니라 엄마와 아이의 마음을 나누는 대화를 위한 것입니다. 아이 연령에 따라 간단하거나 엉뚱한 답이 나올 수도 있겠지요. 엄마는 질문의 폭을 넓혀 가면서 끝까지 아이의 말에 귀를 기울여 보세요. 같은 질문에 대한 아이의 답이 지금, 1년 후, 2년 후 달라져 가는 것을 보며 미소 짓게 될 것입니다.

자녀에게 주는 보석 같은 선물이 될 것입니다

말문이 트일 때 시작한 이 다이어리의 기록을 끝낸 후 아이는 얼마나 성장해 있을까요? 또 엄마는 얼마나 성숙해 있을까요? 아이의 환경은 얼마나 변해 있을까요? 아이의 관심사는 어디를 향해 가고 있을까요? 아이의 말은 얼마나 유창해졌을까요? 아이의 표현은 얼마나 풍부해졌을까요? 아이의 성격은 어떤 모양으로 형성되어 가고 있을까요? 이 모든 기록이 다큐멘터리같이 이 다이어리 안에 들어 있습니다. 더 이상 엄마가 대신 기록해 주지 않아도 되는 날, 엄마와 아이는 이 다이어리를 펼쳐 보면서 엄마와 아이가 만들어 온 아름다운 시간들에 대해 함께 웃고 함께 가슴 뭉클해하는 시간을 맞게 될 것입니다. 아이 성장기의 3년 기록은 매일의 기적 같은 시간들을 영원히 남게 해 주는 더없이 귀한 선물이 될 것입니다.

아이와 함께한 세 번의 봄

MARCH 1

따뜻한 봄이 오고 있어. 봄이 되면 무엇이 달라질까?

20＿＿ _____

20＿＿ _____

20＿＿ _____

MARCH 2

오늘 아이가 가장 환하게 웃었던 순간은
언제인가요?

20＿＿ _____

_____

_____

_____

- -

20＿＿ _____

_____

_____

_____

- -

20＿＿ _____

_____

_____

_____

- -

MARCH 3

친구가 갖고 노는 장난감을 너도 갖고 놀고 싶으면
어떻게 할 거야?

20___ _____

_____

_____

_____

- -

20___ _____

_____

_____

_____

- -

20___ _____

_____

_____

_____

- -

MARCH 4

오늘 아이를 몇 번 꼭 안아 주었나요?
아이는 어떻게 반응했나요?

20＿＿ ————————————————————————————

20＿＿ ————————————————————————————

20＿＿ ————————————————————————————

MARCH 5

최근 아이에게 새로 사 준 옷은 무엇인가요?
아이는 새 옷을 좋아했나요? 어떻게 반응했나요?

20____ _____

_____

_____

_____

_____

20____ _____

_____

_____

_____

_____

20____ _____

_____

_____

_____

_____

MARCH 6

오늘 아이와 나눈 대화 중 가장 기억에 남는 것은
무엇인가요?

20＿＿ _____

_____

_____

_____

- -

20＿＿ _____

_____

_____

_____

- -

20＿＿ _____

_____

_____

_____

- -

MARCH 7

너랑 가장 친한 친구는 누구야?
그 친구랑 어떻게 친해졌어?

20＿＿ _____

_____

_____

_____

- -

20＿＿ _____

_____

_____

_____

- -

20＿＿ _____

_____

_____

_____

- -

12

MARCH 8

아이에게 한 가지 재능을 줄 수 있다면 무엇을 주고 싶나요?

20＿＿

20＿＿

20＿＿

BABY MARCH 9

아침에 엄마아빠가 널 어떻게 깨워 주면 좋을 것
같아?

20___ _____

_____

_____

_____

- -

20___ _____

_____

_____

_____

- -

20___ _____

_____

_____

_____

- -

MARCH 10

아이가 가장 사랑스러웠던 순간은 언제인가요?

20＿＿ _____

_____

_____

_____

- - - - - - - - - - - - - - - - - - - -

20＿＿ _____

_____

_____

_____

- - - - - - - - - - - - - - - - - - - -

20＿＿ _____

_____

_____

_____

- - - - - - - - - - - - - - - - - - - -

BABY

MARCH 11

잠자리에 들 때 엄마아빠가 어떻게 인사해 주는 게 좋아?

20__ __ _____

_____

_____

_____

- -

20__ __ _____

_____

_____

_____

- -

20__ __ _____

_____

_____

_____

- -

MARCH 12

최근 아이가 엄마에게 가장 자주 하는 말은
무엇인가요?

20_ _

20_ _

20_ _

17

MARCH 13

최근 새로 사귄 친구가 있어?
엄마에게 새 친구에 대해 소개해 볼래?

20＿＿ _____
_____
_____
_____
- -

20＿＿ _____
_____
_____
_____
- -

20＿＿ _____
_____
_____
_____
- -

MARCH 14

아이를 위해 내가 포기해야겠다고 생각하는 것이
있다면 무엇인가요?

20___ ————————————————————

—————————————————————————

—————————————————————————

- -

20___ ————————————————————

—————————————————————————

—————————————————————————

- -

20___ ————————————————————

—————————————————————————

—————————————————————————

- -

MARCH 15

네가 좋아하는 친구에게 너의 물건 중 하나를
선물한다면 어떤 것을 줄래?

20＿＿ _____

_____

_____

- -

20＿＿ _____

_____

_____

- -

20＿＿ _____

_____

_____

- -

MARCH 16

오늘 어떤 일이 가장 감사했나요?

20_ _ _____

_____

_____

_____

- -

20_ _ _____

_____

_____

_____

- -

20_ _ _____

_____

_____

_____

- -

MARCH 17

엄마가 너에게 어떤 말을 해 줄 때 가장 좋았어?

20__ __ _____

_____

_____

_____

_____

- -

20__ __ _____

_____

_____

_____

_____

- -

20__ __ _____

_____

_____

_____

_____

- -

MARCH 18

아이에게 가장 미안하다고 생각되는 일은
무엇인가요?

20＿＿ ————————————————————————————

20＿＿ ————————————————————————————

20＿＿ ————————————————————————————

BABY

MARCH 19

엄마가 너에게 어떤 말을 했을 때 가장 싫었어?

20＿＿

20＿＿

20＿＿

MARCH 20

아이가 다정하고 따뜻한 마음을 가졌다고 생각한
적이 있다면 어떤 일이었나요?

20＿＿ _____
_____
_____
_____
- -

20＿＿ _____
_____
_____
_____
- -

20＿＿ _____
_____
_____
_____
- -

MARCH 21

친구가 가진 물건 중에 너도 갖고 싶은 물건이 있어?
있다면 뭐야?

20_ _ _____

_____

_____

_____

- -

20_ _ _____

_____

_____

_____

- -

20_ _ _____

_____

_____

_____

- -

MARCH 22

최근에 아이 때문에 화가 났던 일은 무엇인가요?

20_ _ _____

_____

_____

_____

- -

20_ _ _____

_____

_____

_____

- -

20_ _ _____

_____

_____

_____

- -

BABY

MARCH 23

요즘 선생님께 들은 말씀 중 생각나는 것을
말해 볼래?

20___ ⟋⟋⟋

- -

20___ ⟋⟋⟋

- -

20___ ⟋⟋⟋

- -

MARCH 24

네가 용감하게 행동했던 적이 있었어?
어떤 일이었어?

20__ _____

20__ _____

20__ _____

MARCH 25

아이가 최근에 엄마가 밉다고 한 적이 있나요?
무엇 때문인가요?

20＿＿

20＿＿

20＿＿

MARCH 26

밖에서 뛰어놀다가 넘어지면 어떻게 할 거야?

20_ _ _____

_____

_____

_____

- -

20_ _ _____

_____

_____

_____

- -

20_ _ _____

_____

_____

_____

- -

BABY

MARCH 27

친구들과 무엇을 하면서 놀 때가 재밌어?

20__ _____

_____

_____

_____

- -

20__ _____

_____

_____

_____

- -

20__ _____

_____

_____

_____

- -

32

MARCH 28

최근에 아이가 아팠던 적이 있나요?
어떻게 해 주었나요?

20＿＿ _____

_____

_____

- -

20＿＿ _____

_____

_____

- -

20＿＿ _____

_____

_____

- -

MARCH 29

어떨 때 엄마가 가장 좋아?

20＿＿ _____

_____

_____

_____

- -

20＿＿ _____

_____

_____

_____

- -

20＿＿ _____

_____

_____

_____

- -

MARCH 30

최근 내가 아이를 위해 한 일 중에서 가장 잘했다고
생각하는 것은 무엇인가요?

20_ _ _____
_____
_____
_____
- -

20_ _ _____
_____
_____
_____
- -

20_ _ _____
_____
_____
_____
- -

MARCH 31

요즘 엄마가 만들어 준 반찬 중에 어떤 것이 가장 맛있어?

20__ __ _____
_____
_____
_____

20__ __ _____
_____
_____
_____

20__ __ _____
_____
_____
_____

APRIL 1

시간이 빨리 지나갔으면 좋겠다고 생각한 적이
있다면 언제야?

20＿＿ ────────────────────────────────

──

──

──

20＿＿ ────────────────────────────────

──

──

──

20＿＿ ────────────────────────────────

──

──

──

APRIL 2

시간이 느리게 지나갔으면 좋겠다고 생각한 적이
있다면 언제야?

20__ ─────────────────────────────

─────────────────────────────

─────────────────────────────

─────────────────────────────

- -

20__ ─────────────────────────────

─────────────────────────────

─────────────────────────────

─────────────────────────────

- -

20__ ─────────────────────────────

─────────────────────────────

─────────────────────────────

─────────────────────────────

- -

APRIL 3

오늘 하루 중 후회되는 일은 무엇인가요?

20＿＿ ────────────────────────────

────────────────────────────

────────────────────────────

────────────────────────────

- -

20＿＿ ────────────────────────────

────────────────────────────

────────────────────────────

────────────────────────────

- -

20＿＿ ────────────────────────────

────────────────────────────

────────────────────────────

────────────────────────────

- -

APRIL 4

어떤 반찬이 싫어? 그 반찬을 먹을 때 어떤 느낌이 들어?

20＿＿ ─────────────────────────

─────────────────────────────

─────────────────────────────

─────────────────────────────

- -

20＿＿ ─────────────────────────

─────────────────────────────

─────────────────────────────

─────────────────────────────

- -

20＿＿ ─────────────────────────

─────────────────────────────

─────────────────────────────

─────────────────────────────

- -

APRIL 5

만약 네가 어른이라면 어떤 일을 해 보고 싶어?

20＿＿ _____

_____

_____

_____

- -

20＿＿ _____

_____

_____

_____

- -

20＿＿ _____

_____

_____

_____

- -

APRIL 6

네 얼굴이나 몸 중에서 가장 마음에 드는 곳은
어디야?

20＿＿ _____

_____

_____

_____

- -

20＿＿ _____

_____

_____

_____

- -

20＿＿ _____

_____

_____

_____

- -

APRIL 7

아이가 질투심이 많다고 생각한 적이 있다면
무엇 때문이었나요?

20＿＿ _____

_____

_____

_____

20＿＿ _____

_____

_____

_____

20＿＿ _____

_____

_____

_____

BABY APRIL 8

만약 오늘이 어린이집(또는 유치원)에 안 가는
날이라면 무엇을 하고 싶어?

20＿＿ _____

_____

_____

20＿＿ _____

_____

_____

20＿＿ _____

_____

_____

44

APRIL 9

아이가 했던 질문 중에 답하기 어려웠던 것은
무엇인가요?

20＿＿

20＿＿

20＿＿

APRIL 10

오늘 하루 중 가장 힘들었던 일은 뭐야?

20_____ _____

_____

_____

_____

- -

20_____ _____

_____

_____

_____

- -

20_____ _____

_____

_____

_____

- -

APRIL 11

요즘 아이가 자주 부르는 노래는 무엇인가요?

20＿＿

20＿＿

20＿＿

BABY · APRIL 12

엄마한테 궁금한 점이 있다면 물어 봐.

20＿＿ _____

_____

_____

_____

- -

20＿＿ _____

_____

_____

_____

- -

20＿＿ _____

_____

_____

_____

- -

APRIL 13

아빠한테 궁금한 점이 있다면 물어 봐.

20＿＿ ＿＿＿＿＿＿＿＿＿＿＿＿＿＿＿＿＿＿＿＿

20＿＿ ＿＿＿＿＿＿＿＿＿＿＿＿＿＿＿＿＿＿＿＿

20＿＿ ＿＿＿＿＿＿＿＿＿＿＿＿＿＿＿＿＿＿＿＿

APRIL 14

요즘 아이에게 입히는 옷 중에 어떤 옷을 입었을
때가 가장 예뻐 보이나요?

20_ _ _____

_____

_____

- -

20_ _ _____

_____

_____

- -

20_ _ _____

_____

_____

- -

APRIL 15

네가 어린이집(또는 유치원)에 있는 동안 엄마아빠는 무엇을 하고 있을 것 같아?

20__ _____
_____
_____
_____

20__ _____
_____
_____
_____

20__ _____
_____
_____
_____

APRIL 16

아이가 어른이 되어서 이것만은 하지 않았으면
좋겠다고 생각하는 것이 있다면 무엇인가요?

20___ _____

_____

_____

_____

20___ _____

_____

_____

_____

20___ _____

_____

_____

_____

BABY

APRIL 17

친구 때문에 속상한 적이 있었어?
무슨 일이었어?

20＿＿ _____

_____

_____

_____

- - - - - - - - - - - - - - - - - - - -

20＿＿ _____

_____

_____

_____

- - - - - - - - - - - - - - - - - - - -

20＿＿ _____

_____

_____

_____

- - - - - - - - - - - - - - - - - - - -

APRIL 18

아이의 키와 몸무게, 머리둘레는 몇인가요?

20__ _____

20__ _____

20__ _____

BABY

APRIL 19

네가 속상해할 때 엄마가 어떻게 해 주면 좋겠어?

20＿＿ ──────────────────────────────

──

──

──

- -

20＿＿ ──────────────────────────────

──

──

──

- -

20＿＿ ──────────────────────────────

──

──

──

- -

APRIL 20

최근에 아이를 칭찬해 준 사람은 누구인가요?
무슨 칭찬을 해 주었나요?

20__ _____

_____

_____

_____

20__ _____

_____

_____

_____

20__ _____

_____

_____

_____

BABY

APRIL 21

키즈카페에 가면 어떤 놀이가 가장 재미있어?

20__ _____

_____

_____

_____

_____

- -

20__ _____

_____

_____

_____

_____

- -

20__ _____

_____

_____

_____

_____

- -

APRIL 22

지금 옆에 있는 아이가 스무 살이라면 어떤 이야기를
진지하게 나누고 싶은가요?

20__ _____

_____

_____

_____

- -

20__ _____

_____

_____

_____

- -

20__ _____

_____

_____

_____

- -

BABY

APRIL 23

하루 중 가장 즐거운 시간은 언제야?

20＿＿ _____

_____

_____

_____

- -

20＿＿ _____

_____

_____

_____

- -

20＿＿ _____

_____

_____

_____

- -

APRIL 24

요즘 네가 먹는 것 중 어떤 간식이 가장 맛있어?

20＿＿

_____

_____

_____

- - - - - - - - - - - - - - - - - - - -

20＿＿

_____

_____

_____

- - - - - - - - - - - - - - - - - - - -

20＿＿

_____

_____

_____

- - - - - - - - - - - - - - - - - - - -

APRIL 25

네가 친구를 때린 적이 있어?
그런 적이 있다면 친구를 왜 때렸어?

20___ _____

_____

_____

_____

- - - - - - - - - - - - - - - - - - -

20___ _____

_____

_____

_____

- - - - - - - - - - - - - - - - - - -

20___ _____

_____

_____

_____

- - - - - - - - - - - - - - - - - - -

APRIL 26

아이 친구의 엄마 중 요즘 가깝게 지내는 사람이
있나요? 누구인가요?

20＿＿ _____

_____

_____

_____

- -

20＿＿ _____

_____

_____

_____

- -

20＿＿ _____

_____

_____

_____

- -

APRIL 27

엄마아빠가 읽어 준 책 중에서 네가 가장 좋아하는
이야기는 뭐야?

20＿＿ ────────────────

──────────────────────

──────────────────────

──────────────────────

- -

20＿＿ ────────────────

──────────────────────

──────────────────────

──────────────────────

- -

20＿＿ ────────────────

──────────────────────

──────────────────────

──────────────────────

- -

BABY APRIL 28

요즘 입은 옷 중에 어떤 옷이 가장 좋아?

20＿＿ —————————————————

20＿＿ —————————————————

20＿＿ —————————————————

APRIL 29

아이가 잘 먹지 않는 음식은 무엇인가요?

20＿＿ ─────────────────────────────

20＿＿ ─────────────────────────────

20＿＿ ─────────────────────────────

APRIL **30**

오늘은 어떤 즐거운 일이 있었어?

20_ _ _____

_____

_____

_____

- -

20_ _ _____

_____

_____

_____

- -

20_ _ _____

_____

_____

_____

- -

MAY 1

어린이날 무엇을 하고 싶어?

20＿＿ _____

_____

_____

_____

- -

20＿＿ _____

_____

_____

_____

- -

20＿＿ _____

_____

_____

_____

- -

MAY 2

어린이날 아이에게 어떤 선물을 주고 싶나요?

20＿＿ _____
_____
_____
_____
- -

20＿＿ _____
_____
_____
_____
- -

20＿＿ _____
_____
_____
_____
- -

BABY

MAY 3

맛있는 과자를 선물한다면 누구에게 주고 싶어?

20＿＿

20＿＿

20＿＿

BABY

MAY 4

너는 어떤 동물이 가장 좋아? 그 동물이 왜 좋아?

20__ __ _____

_____

_____

_____

- -

20__ __ _____

_____

_____

_____

- -

20__ __ _____

_____

_____

_____

- -

MAY 5

오늘은 어린이날이었어. 오늘 어떤 일이 가장
재미있었어?

20＿＿

20＿＿

20＿＿

BABY · MAY 6

엄마아빠한테 어떤 칭찬을 듣고 싶어?

20＿＿ _____

_____

_____

_____

- -

20＿＿ _____

_____

_____

_____

- -

20＿＿ _____

_____

_____

_____

- -

MAY 7

아이를 대하는 나의 습관 중 바꾸고 싶은 것이
있다면?

20＿＿ ＿＿＿＿＿＿＿＿＿＿＿＿＿＿＿＿＿＿＿＿＿＿＿＿＿＿
＿＿＿＿＿＿＿＿＿＿＿＿＿＿＿＿＿＿＿＿＿＿＿＿＿＿＿＿＿＿＿＿＿
＿＿＿＿＿＿＿＿＿＿＿＿＿＿＿＿＿＿＿＿＿＿＿＿＿＿＿＿＿＿＿＿＿
＿＿＿＿＿＿＿＿＿＿＿＿＿＿＿＿＿＿＿＿＿＿＿＿＿＿＿＿＿＿＿＿＿
＿＿＿＿＿＿＿＿＿＿＿＿＿＿＿＿＿＿＿＿＿＿＿＿＿＿＿＿＿＿＿＿＿

20＿＿ ＿＿＿＿＿＿＿＿＿＿＿＿＿＿＿＿＿＿＿＿＿＿＿＿＿＿
＿＿＿＿＿＿＿＿＿＿＿＿＿＿＿＿＿＿＿＿＿＿＿＿＿＿＿＿＿＿＿＿＿
＿＿＿＿＿＿＿＿＿＿＿＿＿＿＿＿＿＿＿＿＿＿＿＿＿＿＿＿＿＿＿＿＿
＿＿＿＿＿＿＿＿＿＿＿＿＿＿＿＿＿＿＿＿＿＿＿＿＿＿＿＿＿＿＿＿＿
＿＿＿＿＿＿＿＿＿＿＿＿＿＿＿＿＿＿＿＿＿＿＿＿＿＿＿＿＿＿＿＿＿

20＿＿ ＿＿＿＿＿＿＿＿＿＿＿＿＿＿＿＿＿＿＿＿＿＿＿＿＿＿
＿＿＿＿＿＿＿＿＿＿＿＿＿＿＿＿＿＿＿＿＿＿＿＿＿＿＿＿＿＿＿＿＿
＿＿＿＿＿＿＿＿＿＿＿＿＿＿＿＿＿＿＿＿＿＿＿＿＿＿＿＿＿＿＿＿＿
＿＿＿＿＿＿＿＿＿＿＿＿＿＿＿＿＿＿＿＿＿＿＿＿＿＿＿＿＿＿＿＿＿
＿＿＿＿＿＿＿＿＿＿＿＿＿＿＿＿＿＿＿＿＿＿＿＿＿＿＿＿＿＿＿＿＿

MAY 8

아이가 적극적으로 참여하는 활동은 무엇인가요?
아이가 소극적으로 참여하는 활동은 무엇인가요?

20＿＿ ─────────────────────────────

────────────────────────────────────

────────────────────────────────────

────────────────────────────────────

- -

20＿＿ ─────────────────────────────

────────────────────────────────────

────────────────────────────────────

────────────────────────────────────

- -

20＿＿ ─────────────────────────────

────────────────────────────────────

────────────────────────────────────

────────────────────────────────────

- -

MAY 9

만약 오늘이 너의 생일이라면 어떤 선물을 받고
싶어?

20___ _____

_____

_____

_____

- -

20___ _____

_____

_____

_____

- -

20___ _____

_____

_____

_____

- -

MAY 10

아이를 낳고 나서 잊고 지내거나 소홀해진 것이
있다면?

20_ _ _____

_____

_____

_____

- -

20_ _ _____

_____

_____

_____

- -

20_ _ _____

_____

_____

_____

- -

76

BABY

MAY 11

이 세상에서 엄마아빠 말고 누가 너를 가장 사랑하는
것 같아?

20＿＿ _____

_____

_____

- -

20＿＿ _____

_____

_____

- -

20＿＿ _____

_____

_____

- -

MAY 12

아이가 한 말 때문에 가슴이 벅찼던 순간이 있나요?
어떤 말이었나요?

20_ _ _____

_____

_____

_____

- -

20_ _ _____

_____

_____

_____

- -

20_ _ _____

_____

_____

_____

- -

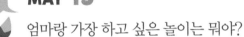

MAY 13

엄마랑 가장 하고 싶은 놀이는 뭐야?

20_ _ _____

_____

_____

_____

- - - - - - - - - - - - - - - - - -

20_ _ _____

_____

_____

_____

- - - - - - - - - - - - - - - - - -

20_ _ _____

_____

_____

_____

- - - - - - - - - - - - - - - - - -

MAY 14

아이와 함께했던 순간 중에 가장 아름다웠던 기억은 무엇인가요?

20_ _ ─────────────────────

20_ _ ─────────────────────

20_ _ ─────────────────────

MAY 15

너는 세상에서 누가 가장 멋있어? 엄마아빠는 빼고.

20＿＿ _____

_____

_____

_____

- -

20＿＿ _____

_____

_____

_____

- -

20＿＿ _____

_____

_____

_____

- -

MAY 16

남편은 아이에게 어떤 아빠인 것 같나요?
남편에게 원하는 것이 있나요?

20_ _ _____

_____

_____

_____

- -

20_ _ _____

_____

_____

_____

- -

20_ _ _____

_____

_____

_____

- -

BABY

MAY 17

너에게 동물 별명을 붙여 준다면 어떤 동물이
좋을까?

20＿＿ _____

_____

_____

_____

- -

20＿＿ _____

_____

_____

_____

- -

20＿＿ _____

_____

_____

_____

- -

MAY 18

네가 만약 음식을 만들 수 있다면 누구를 위해 어떤 음식을 만들어 주고 싶어?

20__ _____

_____

_____

- -

20__ _____

_____

_____

- -

20__ _____

_____

_____

- -

MAY 19

네가 가장 좋아하는 냄새는 어떤 냄새야?

20_ _ _____

20_ _ _____

20_ _ _____

MAY 20

BABY

어린이집(또는 유치원)에서 선생님께 혼난 적이 있어?
무슨 일로 혼났어?

20＿＿ _____

_____

_____

_____

- -

20＿＿ _____

_____

_____

_____

- -

20＿＿ _____

_____

_____

_____

- -

MAY 21

아이가 최근 한 말 중에 기억에 남는 것이 있다면
무엇인가요?

20_ _ _____

_____

_____

_____

_____

20_ _ _____

_____

_____

_____

_____

20_ _ _____

_____

_____

_____

_____

BABY

MAY 22

친구가 너를 때린 적이 있어? 그때 넌 어떻게 했어?

20___ _____

_____

_____

_____

- -

20___ _____

_____

_____

_____

- -

20___ _____

_____

_____

_____

- -

88

MAY 23

아이와 함께 이번 여름을 보낼 좋은 계획이 있나요?

20___ _____

_____

_____

_____

- -

20___ _____

_____

_____

_____

- -

20___ _____

_____

_____

_____

- -

MAY 24

너랑 엄마랑 어디가 닮은 것 같아?
그래서 좋아, 싫어? 이유는 뭐야?

20＿＿ _____

_____

_____

_____

- -

20＿＿ _____

_____

_____

_____

- -

20＿＿ _____

_____

_____

_____

- -

BABY

MAY 25

너랑 아빠랑 어디가 닮은 것 같아?
그래서 좋아, 싫어? 이유는 뭐야?

20___ _____

_____

_____

_____

- -

20___ _____

_____

_____

_____

- -

20___ _____

_____

_____

_____

- -

MAY 26

엄마아빠가 아이를 부르는 애칭(별명)이 있나요?
없다면 뭐라고 불러 주고 싶나요?

20＿＿ _____

_____

_____

- -

20＿＿ _____

_____

_____

- -

20＿＿ _____

_____

_____

- -

BABY

MAY 27

우리 집에 마당이 있다면 마당에서 무엇을 하고
싶어?

20＿＿ ———————————————————————

————————————————————————————————

————————————————————————————————

————————————————————————————————

- -

20＿＿ ———————————————————————

————————————————————————————————

————————————————————————————————

————————————————————————————————

- -

20＿＿ ———————————————————————

————————————————————————————————

————————————————————————————————

————————————————————————————————

- -

BABY MAY **28**

만나 보고 싶은 사람이 있어?
그 사람을 만난다면 무슨 말을 하고 싶어?

20__ __ _____

_____

_____

_____

20__ __ _____

_____

_____

_____

20__ __ _____

_____

_____

_____

MAY 29

최근 아이가 위험한 행동을 한 적이 있나요?
어떤 행동이었나요?

20__ _____

_____

_____

_____

20__ _____

_____

_____

_____

20__ _____

_____

_____

_____

MAY 30

네가 엄마아빠를 도와줄 수 있는 일에는 무엇이 있을까?

20＿＿

20＿＿

20＿＿

BABY

MAY 31

동물원에 간다면 어떤 동물을 가장 먼저 만나고
싶어?

20＿＿ ────────────────────────

20＿＿ ────────────────────────

20＿＿ ────────────────────────

for Mom

육아에서 가장 중요한 두 가지만 꼽으라면, 기다리는 것과 아이를 나와 다른 인격체로 존중해 주는 것이다. 아이의 발달을 지켜볼 때도 기다려야 하고, 아이를 가르칠 때도 기다려야 한다. 아이에게 옳고 그른 것을 가르쳐 주는 훈육 또한 기다림이 가장 중요하다. 중간에 간섭하지 않고 채근하지 않고 기다려 주는 것만 잘해도 아이는 잘 자란다.

잘 기다려 주려면 아이가 나와 다르다는 것을 인정해야 한다. 아이를 나와 동일하게 생각하거나, 아이를 나의 소유로 생각하면 기다리지 못한다. 아이가 내 마음과 다르게 행동하거나, 내가 계획한 것과 다른 방향으로 가면 내 마음이 불편해지기 때문이다. 얼른 달려가 방향을 돌려놓고 싶어진다. 그럴 땐 아이가 나와 다른 존재라는 것을 인정해야 가만히 지켜볼 수 있다.

-오은영 지음, 《못 참는 아이 욱하는 부모》(코리아닷컴, 2016)

for Mom

"오늘은 어린이집에서 어땠어?"
"오늘은 누구랑 놀았어? 점심에 뭐 먹었어?"

당신이 매일 같은 톤으로, 비슷한 시간에, 영혼 없이 던지는 질문들은 결코 관심의 표현이 아니다. 아이들은 그런 부모들의 '진실'을 알기 때문에 더욱 성의없이 대답하는지도 모른다.
늘 한쪽이 질문하고 한쪽이 대답하는 관계는 진짜 관계가 아니다. 기껏해야 좋은 인터뷰일 뿐이다. 아이들은 우리가 생각하는 것보다 훨씬 더 부모의 이야기가 '진짜'라는 확신을 원한다. 자신과 감정을 나누려고 한다는 사실에 아이들은 인정을 받았다고 느끼고 부모와 아이는 '진짜' 관계로 거듭나게 된다.

－페트라 크란츠 린드그렌 지음, 《스웨덴 엄마의 말하기 수업》(북라이프, 2015)

아이와 함께한 세 번의 여름

JUNE 1

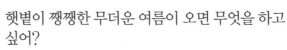

햇볕이 쨍쨍한 무더운 여름이 오면 무엇을 하고
싶어?

20__ _____

_____

_____

- -

20__ _____

_____

_____

- -

20__ _____

_____

_____

- -

JUNE 2

오늘 아이에게 뽀뽀를 몇 번 해 주었나요?
뽀뽀를 할 때 아이는 어떻게 반응하나요?

20__ __

_____

_____

_____

_____

20__ __

_____

_____

_____

_____

20__ __

_____

_____

_____

_____

JUNE 3

쏴아아 비가 내리는 날에는 무엇을 하면
재미있을까?

20＿＿ ————————————————————

————————————————————

————————————————————

————————————————————

- - - - - - - - - - - - - - - - - - - -

20＿＿ ————————————————————

————————————————————

————————————————————

————————————————————

- - - - - - - - - - - - - - - - - - - -

20＿＿ ————————————————————

————————————————————

————————————————————

————————————————————

- - - - - - - - - - - - - - - - - - - -

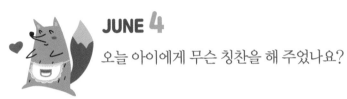

JUNE 4

오늘 아이에게 무슨 칭찬을 해 주었나요?

20__ _____

_____

_____

- -

20__ _____

_____

_____

- -

20__ _____

_____

_____

- -

JUNE 5

아빠가 언제 가장 좋아?
그때 아빠에게 뭐라고 말해 주고 싶어?

20__ _____

_____

_____

_____

- -

20__ _____

_____

_____

_____

- -

20__ _____

_____

_____

_____

- -

JUNE 6

아빠가 언제 가장 싫었어?
아빠가 다시 그러면 뭐라고 말해 줄 거야?

20＿＿ _____

_____

_____

_____

- -

20＿＿ _____

_____

_____

_____

- -

20＿＿ _____

_____

_____

_____

- -

JUNE 7

오늘 아이가 "싫어"라고 한 일은 무엇인가요?

20____

20____

20____

JUNE 8

요즘 네가 가장 좋아하는 노래는 뭐야?

20＿＿ _____

_____

_____

_____

20＿＿ _____

_____

_____

_____

20＿＿ _____

_____

_____

_____

JUNE 9

아이가 새롭게 쓰기 시작한 단어나 표현이 있나요?

20__ _____

_____

_____

_____

- -

20__ _____

_____

_____

_____

- -

20__ _____

_____

_____

_____

- -

JUNE 10

엄마아빠가 너를 얼마나 사랑하는 것 같아?
너는 엄마아빠를 얼마나 사랑해?

20＿＿

20＿＿

20＿＿

JUNE 11

아이가 엄마를 닮았다고 생각하는 것 중 가장 마음에 드는 것은 무엇인가요?

20____

_____

_____

_____

_____

20____

_____

_____

_____

_____

20____

_____

_____

_____

_____

JUNE 12

아이가 아빠를 닮았다고 생각하는 것 중 가장 마음에 드는 것은 무엇인가요?

20__ _____

_____

_____

_____

- -

20__ _____

_____

_____

_____

- -

20__ _____

_____

_____

_____

- -

JUNE 13

엄마아빠랑 어디로 놀러가고 싶어?
가서 무엇을 하면서 놀고 싶어?

20__ __

20__ __

20__ __

BABY

JUNE 14

네가 브레멘 음악대에 들어 간다면 어떤 악기를
연주하고 싶어?

20＿＿

20＿＿

20＿＿

115

BABY

JUNE 15

오늘 날씨는 어땠어?
너는 어떤 날씨를 좋아해?

20__ _____

_____

_____

_____

- - - - - - - - - - - - - - - - - -

20__ _____

_____

_____

_____

- - - - - - - - - - - - - - - - - -

20__ _____

_____

_____

_____

- - - - - - - - - - - - - - - - - -

JUNE 16

아이가 나를 닮지 않았으면 하는 부분이 있다면
무엇인가요?

20＿＿

_____

_____

_____

_____

- -

20＿＿

_____

_____

_____

_____

- -

20＿＿

_____

_____

_____

_____

- -

JUNE 17

가장 맛있는 과일은 뭐야?
가장 먹기 싫은 과일은 뭐야?

20＿＿

20＿＿

20＿＿

JUNE 18

넌 힘이 얼마나 센 것 같아?
힘이 더 세지면 무엇을 하고 싶어?

20＿＿

20＿＿

20＿＿

JUNE 19

최근 아이가 심하게 떼를 쓰거나 고집을 부린 일은
무엇인가요? 그때 엄마는 어떻게 대응했나요?

20__ __ _____

_____

_____

_____

- -

20__ __ _____

_____

_____

_____

- -

20__ __ _____

_____

_____

_____

- -

JUNE 20

친구랑 함께 노는 것이랑, 장난감을 가지고 혼자
노는 것 중에서 어떤 게 더 좋아? 이유는 뭐야?

20＿＿ _____
_____
_____
_____
- -

20＿＿ _____
_____
_____
_____
- -

20＿＿ _____
_____
_____
_____
- -

JUNE 21

아이가 어떤 어른으로 자라길 바라나요?

20__ _____

_____

_____

_____

- -

20__ _____

_____

_____

_____

- -

20__ _____

_____

_____

_____

- -

JUNE 22

요새 꿈을 꾼 적 있어? 어떤 꿈을 꾸었어?

20＿＿

20＿＿

20＿＿

JUNE 23

이번 주말에 아이와 무엇을 할 계획인가요?

20__ _____

_____

_____

_____

20__ _____

_____

_____

_____

20__ _____

_____

_____

_____

JUNE 24

너는 어떤 색을 좋아해?
그 색깔을 보면 어떤 느낌이 들어?

20__ _____

20__ _____

20__ _____

JUNE 25

바다에 간다면 무엇을 하며 놀고 싶어?

20_ _ _____

_____

_____

_____

- -

20_ _ _____

_____

_____

_____

- -

20_ _ _____

_____

_____

_____

- -

JUNE 26

최근에 아이가 심하게 울었던 적이 있나요?
무슨 이유였나요?

20_ _ _____

_____

_____

_____

- -

20_ _ _____

_____

_____

_____

- -

20_ _ _____

_____

_____

_____

- -

JUNE 27

만약 네가 TV나 영화 속 주인공이 된다면, 누가 되고
싶어?

20＿＿

20＿＿

20＿＿

JUNE 28

최근 아이에게 읽어 준 책 중 가장 좋았던 이야기는
무엇인가요?

20_ _ _____

_____

_____

_____

_ _

20_ _ _____

_____

_____

_____

_ _

20_ _ _____

_____

_____

_____

_ _

JUNE 29

너를 가장 좋아하는 친구는 누구야?

20＿＿ _____

_____

_____

_____

- -

20＿＿ _____

_____

_____

_____

- -

20＿＿ _____

_____

_____

_____

- -

BABY

JUNE **30**

나중에 학교에 가게 되면 무엇을 가장 해 보고 싶어?

20＿＿ _____

_____

_____

_____

- -

20＿＿ _____

_____

_____

_____

- -

20＿＿ _____

_____

_____

_____

- -

JULY 1

만약 강아지를 키운다면(또는 강아지를 키울 때)
좋은 점과 나쁜 점은 무엇일까?

20＿＿

20＿＿

20＿＿

JULY 2

선생님이 아이에 대해 어떻게 평가해 주면 좋을 것 같나요?

20＿＿ _____
_____
_____
_____
- -

20＿＿ _____
_____
_____
_____
- -

20＿＿ _____
_____
_____
_____
- -

JULY 3

오늘 하루 있었던 일 중에 엄마에게 가장 이야기해
주고 싶은 것은 무엇이야?

20＿＿ _____

_____

_____

_____

_____

- -

20＿＿ _____

_____

_____

_____

_____

- -

20＿＿ _____

_____

_____

_____

_____

- -

JULY 4

지금 생각나는 유명인 중 아이가 닮았으면 좋겠다고
생각하는 사람은 누구인가요?

20＿＿ _____

_____

_____

_____

- -

20＿＿ _____

_____

_____

_____

- -

20＿＿ _____

_____

_____

_____

- -

JULY 5

만약 친구 한 명을 우리 집에 초대한다면, 누구를 부르고 싶어?

20___ _____

_____

_____

_____

- -

20___ _____

_____

_____

_____

- -

20___ _____

_____

_____

_____

- -

JULY 6

너는 어떤 선생님이 좋아?
그 선생님이 왜 좋아?

20＿＿

20＿＿

20＿＿

JULY 7

아이가 어떤 분야에 재능이 있는 것 같나요?
그 재능을 밀어주고 싶나요?

20___

_____

_____

_____

_____

20___

_____

_____

_____

_____

20___

_____

_____

_____

_____

BABY

JULY 8

네가 어른이 되면 엄마한테 무엇을 해 주고 싶어?

20＿＿

20＿＿

20＿＿

JULY 9

네가 어른이 되면 아빠한테 무엇을 해 주고 싶어?

20__ _____

_____

_____

_____

- -

20__ _____

_____

_____

_____

- -

20__ _____

_____

_____

_____

- -

JULY 10

요즘 아이에게 가르치고 있는 예절이 있나요?
있다면 무엇인가요?

20_ _ ─────────────────────────────

20_ _ ─────────────────────────────

20_ _ ─────────────────────────────

BABY

JULY 11

오늘 아침 어린이집(또는 유치원)에 갈 때 기분이
어땠어?

20__ _____

_____

_____

_____

- -

20__ _____

_____

_____

_____

- -

20__ _____

_____

_____

_____

- -

BABY

JULY 12

최근에 친구와 싸운 적이 있었어?
무슨 일로 싸웠어?

20_ _ _____

_____

_____

_____

- - - - - - - - - - - - - - - - - - - -

20_ _ _____

_____

_____

_____

- - - - - - - - - - - - - - - - - - - -

20_ _ _____

_____

_____

_____

- - - - - - - - - - - - - - - - - - - -

JULY 13

아이가 용감하다고 생각한 적이 있나요?
언제였나요?

20__ ⎯⎯⎯⎯⎯⎯⎯⎯⎯⎯⎯⎯⎯⎯⎯⎯⎯⎯⎯

20__ ⎯⎯⎯⎯⎯⎯⎯⎯⎯⎯⎯⎯⎯⎯⎯⎯⎯⎯⎯

20__ ⎯⎯⎯⎯⎯⎯⎯⎯⎯⎯⎯⎯⎯⎯⎯⎯⎯⎯⎯

JULY 14

'사랑한다'는 말은 어떤 뜻인 것 같아?

20_ _ _____

_____

_____

_____

- -

20_ _ _____

_____

_____

_____

- -

20_ _ _____

_____

_____

_____

- -

JULY 15

아이가 옷에 대한 주장이 있나요? 옷을 사거나 입힐 때 아이가 옷에 대해 어떤 의견을 내나요?

20___ _____

_____

_____

_____

- -

20___ _____

_____

_____

_____

- -

20___ _____

_____

_____

_____

- -

JULY 16

내일은 무슨 일이 생기면 좋을 것 같아?

20＿＿
_____

_____

_____

_____

- -

20＿＿
_____

_____

_____

_____

- -

20＿＿
_____

_____

_____

_____

- -

JULY 17

아이에게 들은 말 중 가장 감동스러웠던 말은
무엇인가요?

20__ _____

_____

_____

_____

- -

20__ _____

_____

_____

_____

- -

20__ _____

_____

_____

_____

- -

JULY 18

할머니, 할아버지께 선물을 드린다면 무엇이
좋을까?

20_ _

20_ _

20_ _

BABY

JULY 19

잠잘 때 모기에 물리지 않으려면 어떻게 하는 게
좋을까?

20__ _____

_____

_____

_____

- -

20__ _____

_____

_____

_____

- -

20__ _____

_____

_____

_____

- -

JULY 20

최근 아이에게 한 말 중에서 가장 후회되는 말은 무엇인가요?

20___ _____

_____

_____

_____

- -

20___ _____

_____

_____

_____

- -

20___ _____

_____

_____

_____

- -

JULY **21**

아침에 눈을 뜨면 어떤 기분이 들어?
세수하고 양치질할 때는 기분이 어때?

20____ _____

_____

_____

_____

- -

20____ _____

_____

_____

_____

- -

20____ _____

_____

_____

_____

- -

JULY 22

엄마로서 오늘도 수고한 나에게 칭찬 한마디를
건넨다면?

20＿＿ ─────────────────────────────

─────────────────────────────────

─────────────────────────────────

─────────────────────────────────

- -

20＿＿ ─────────────────────────────

─────────────────────────────────

─────────────────────────────────

─────────────────────────────────

- -

20＿＿ ─────────────────────────────

─────────────────────────────────

─────────────────────────────────

─────────────────────────────────

- -

JULY **23**

네가 다른 사람을 도와줄 수 있는 일이 있다면 무슨 일일까?

20＿＿ ────────────────────────

────────────────────────────────

────────────────────────────────

────────────────────────────────

- -

20＿＿ ────────────────────────

────────────────────────────────

────────────────────────────────

────────────────────────────────

- -

20＿＿ ────────────────────────

────────────────────────────────

────────────────────────────────

────────────────────────────────

- -

JULY 24

아빠가 안아 줄 때 기분이 어때?

20＿＿ _____

_____

_____

_____

20＿＿ _____

_____

_____

_____

20＿＿ _____

_____

_____

_____

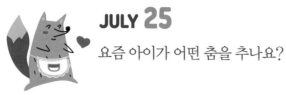

JULY 25

요즘 아이가 어떤 춤을 추나요?

20___ _____

_____

_____

_____

20___ _____

_____

_____

_____

20___ _____

_____

_____

_____

JULY 26

요즘 네가 미워하는 사람이 있어?
그 사람이 왜 미워?

20＿＿

_____
_____
_____
_____
_____

20＿＿

_____
_____
_____
_____
_____

20＿＿

_____
_____
_____
_____
_____

JULY 27

네가 가장 좋아하는 사람은 누구야?
그 사람이 왜 좋아?

20___ _____

_____

_____

_____

20___ _____

_____

_____

_____

20___ _____

_____

_____

_____

JULY 28

요즘 아이는 몇 시간을 자나요?(낮잠 포함)
밤에는 누구랑 자나요?

20＿＿ _____
_____
_____
_____
- -

20＿＿ _____
_____
_____
_____
- -

20＿＿ _____
_____
_____
_____
- -

JULY 29

온 세상이 얼음 나라가 된다면 무슨 일이 벌어질까?

20__

20__

20__

JULY 30

오늘 아이는 형제자매(혹은 친구)와 무엇을 하며
놀았나요?

20_ _ _____

_____

_____

_____

- - - - - - - - - - - - - - - - - - - -

20_ _ _____

_____

_____

_____

- - - - - - - - - - - - - - - - - - - -

20_ _ _____

_____

_____

_____

- - - - - - - - - - - - - - - - - - - -

JULY 31

어린이집(또는 유치원)에 가고 싶지 않은 날이 있었어?
왜 그런 마음이 들었을까?

20__

20__

20__

AUGUST 1

네가 가진 것 중에 가장 소중한 보물은 뭐야?

20___ _____

_____

_____

_____

- -

20___ _____

_____

_____

_____

- -

20___ _____

_____

_____

_____

- -

AUGUST 2

아이가 혼자서 옷을 입는다면, 도움 없이 어디까지
입을 수 있나요?

20＿＿ _____

_____

_____

- -

20＿＿ _____

_____

_____

- -

20＿＿ _____

_____

_____

- -

AUGUST 3

네가 자동차를 운전할 수 있다면, 운전해서 어디로
가고 싶어?

20___ _____

20___ _____

20___ _____

AUGUST 4

아이를 위해 꼭 사고 싶은 것이 있다면 무엇인가요?

20__ _____

_____

_____

_____

- -

20__ _____

_____

_____

_____

- -

20__ _____

_____

_____

_____

- -

AUGUST 5

아이가 혼자서 양치와 세수를 한다면, 도움 없이
얼마나 깨끗하게 씻나요?

20__ _____

_____

_____

_____

20__ _____

_____

_____

_____

20__ _____

_____

_____

_____

BABY

AUGUST 6

같이 놀고 싶지 않은 친구가 있어?
그 친구가 어떻게 달라졌으면 좋겠어?

20＿＿ _____

_____

_____

_____

20＿＿ _____

_____

_____

_____

20＿＿ _____

_____

_____

_____

AUGUST 7

최근에 욱하고 올라오는 것을 잘 참았다 싶은 적이
있나요? 어떤 일이었나요?

20___ _____

_____

_____

_____

- -

20___ _____

_____

_____

_____

- -

20___ _____

_____

_____

_____

- -

AUGUST 8

만약 언니(누나)나 오빠(형)가 우리 집에 같이 살게
된다면 누가 더 좋을 것 같아? 이유는 뭐야?

20___ _____

_____

_____

_____

- -

20___ _____

_____

_____

_____

- -

20___ _____

_____

_____

_____

- -

AUGUST 9

아이가 철봉 매달리기를 몇 초 동안 할 수 있나요?

20＿＿

20＿＿

20＿＿

AUGUST 10

숫자를 몇까지 셀 수 있어?
지금 엄마랑 같이 세어 보자.

20__ _____

20__ _____

20__ _____

AUGUST 11

가장 최근에 아이와 함께 참석한 모임은
무엇인가요?

20＿＿

20＿＿

20＿＿

AUGUST 12

아빠만큼 키가 크고 힘이 세지면 무엇을 하고 싶어?

20___

_____

_____

_____

- -

20___

_____

_____

_____

- -

20___

_____

_____

_____

- -

AUGUST 13

최근 아이가 어떤 심부름을 했나요?

20_ _ _____

_____

_____

_____

- -

20_ _ _____

_____

_____

_____

- -

20_ _ _____

_____

_____

_____

- -

AUGUST 14

네가 다른 사람에게 가르쳐 줄 수 있는 게 있다면 뭘까?

20__

_____
_____
_____
_____
- -

20__

_____
_____
_____
_____
- -

20__

_____
_____
_____
_____
- -

AUGUST 15

새로 배우고 싶은 것이 있어?

20＿＿

20＿＿

20＿＿

AUGUST 16

아이가 어떤 말을 할 때 가장 행복한가요?

20＿＿

20＿＿

20＿＿

178

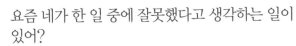

AUGUST 17

요즘 네가 한 일 중에 잘못했다고 생각하는 일이
있어?

20＿＿ _____

_____

_____

_____

20＿＿ _____

_____

_____

_____

20＿＿ _____

_____

_____

_____

AUGUST **18**

네가 만약 선생님이라면 친구들에게 무엇을 해 주고
싶어?

20____ _____

_____

_____

_____

- -

20____ _____

_____

_____

_____

- -

20____ _____

_____

_____

_____

- -

AUGUST 19

최근 아이가 가장 맛있게 먹은 저녁 메뉴는?

20＿＿ _____

20＿＿ _____

20＿＿ _____

AUGUST 20

오늘 하루가 어땠는지 표정이나 몸짓으로 표현해
볼래?

20___ _____

_____

_____

_____

- -

20___ _____

_____

_____

_____

- -

20___ _____

_____

_____

_____

- -

AUGUST 21

오늘 혹은 최근에 아이와 어떤 책을 읽었나요?

20____

20____

20____

BABY

AUGUST 22

네가 선물로 절대 받고 싶지 않은 게 있다면 뭘까?

20___

_____

_____

_____

_____

20___

_____

_____

_____

_____

20___

_____

_____

_____

_____

AUGUST 23

아이가 나를 가장 속상하게 했던 순간은
언제인가요?

20＿＿

20＿＿

20＿＿

BABY

AUGUST 24

오늘 밤에는 어떤 꿈을 꾸고 싶어?

20___ _____

_____

_____

_____

- -

20___ _____

_____

_____

_____

- -

20___ _____

_____

_____

_____

- -

AUGUST 25

내가 아이 나이로 돌아간다면, 부모님께 꼭 드리고
싶은 말은 무엇인가요?

20___

_____

_____

_____

_____

20___

_____

_____

_____

_____

20___

_____

_____

_____

_____

AUGUST 26

최근에 네가 한 착한 일이 있으면 말해 볼래?
최근에 친구가 한 착한 일이 있으면 말해 볼래?

20__ _ _____

_____

_____

_____

- -

20__ _ _____

_____

_____

_____

- -

20__ _ _____

_____

_____

_____

- -

AUGUST 27

요즘 아이가 자주 쓰는 표현이 있다면 무엇인가요?

20＿＿

20＿＿

20＿＿

AUGUST 28

지금 전화나 영상통화를 한다면 누구와 하고 싶어?

20＿＿

20＿＿

20＿＿

AUGUST 29

가장 최근에 아이에게 사 준 것은 무엇인가요?
얼마에 샀나요? 아이의 반응은 어땠나요?

20_ _ _____

_____

_____

_____

- -

20_ _ _____

_____

_____

_____

- -

20_ _ _____

_____

_____

_____

- -

AUGUST 30

목욕할 때 어떤 기분이 들어?
누구랑 같이 목욕하고 싶어?

20__ _____

_____

_____

_____

- -

20__ _____

_____

_____

_____

- -

20__ _____

_____

_____

_____

- -

AUGUST 31

아이가 커서 안정적인 길을 가길 바라나요, 도전적인
길을 가길 바라나요?

20__

20__

20__

아이를 깨우는 아침부터 잠드는 밤까지, 하루하루가 모여 아이의 일 년이 완성된다. 오늘 하루 아이에게 어떤 말을 들려주었는가? 오늘 들려준 '엄마의 말'이 아이의 하루를 결정한다. 아이가 '엄마의 말'만 떠올리면 우울해지고 무기력해지고 자신이 쓸모없는 사람이라는 괴로운 생각에 좌절해서는 안 된다. 부디 우리 아이에게 '엄마의 말'은 언제 떠올려도 기분 좋고 힘이 나고 희망을 주는 느낌이면 좋겠다. 기운이 빠질 때 아무도 몰래 살짝 꺼내 보면 기분 좋아지는 보석상자 같았으면 좋겠다.

사랑하면서도 함께 있으면 불편한 엄마가 되지는 말자. 엄마는 세상에서 제일 포근하고 따뜻하고 언제나 내 편이며 나를 사랑하는 감사한 존재로 아이의 마음에 자리 잡아야 한다.

-이임숙, 《엄마의 말공부》(카시오페아, 2015)

for Mom

어느 날 내가 아이에게 어떻게 대하고 있는지 깨닫고는 태도를 당장 바꾸어야겠다고 마음먹었다. 하지만 어떻게 바꿔야 할지 몰라 난감했다. 그러다 문득 내가 실제로 아이의 입장이 되어 생각해 보는 것이 가장 도움이 된다는 걸 깨달았다. 그래서 스스로 내 자신에게 물었다.

'그래, 내가 피곤하고 덥고 지루하다고 느끼는 아이라면 어떨까?'

그런 다음 몇 주에 걸쳐 나는 아이들이 느끼는 감정을 나도 느끼기 위해 노력했다. 그렇게 하고 나자 자연스럽게 말과 함께 나의 행동도 바뀌었다.

"그래, 낮잠을 잤는데도 피곤이 다 풀리지 않았구나."

"엄마는 추운데, 넌 덥구나."

"넌 저 프로그램이 마음에 들지 않나 보네."

이런 식으로 아이의 마음을 진심으로 이해하는 말을 했다. 부모와 아이는 독립적인 개체이기 때문에 감정도 다르게 느끼는 게 당연하다. 부모는 옳고 아이는 그르다고 할 수 없다. 둘은 서로 다르게 느낄 뿐이다.

–아델 페이버 외, 《하루 10분 자존감을 높이는 기적의 대화》(푸른육아, 2013)

아이와 함께한 세 번의 가을

SEPTEMBER **1**

시원한 가을이 오면 무엇을 하고 싶어?

20__

- -

20__

- -

20__

- -

SEPTEMBER 2

네가 아는 동물 중에 가장 큰 동물과 가장 작은
동물을 말해 볼래?

20__ _____

_____

_____

_____

- -

20__ _____

_____

_____

_____

- -

20__ _____

_____

_____

_____

- -

SEPTEMBER 3

오늘 아이에게 "사랑해"라는 말을 몇 번 해
주었나요? 언제 해 주었나요?

20＿＿ _____

_____

_____

_____

- -

20＿＿ _____

_____

_____

_____

- -

20＿＿ _____

_____

_____

_____

- -

BABY

SEPTEMBER 4

네가 어른이 되어서 돈이 많아진다면 엄마 생일에
어떤 선물을 사 주고 싶어?

20__ _

20__ _

20__ _

SEPTEMBER 5

엄마아빠가 나란히 앉아 있는 걸 보면 무슨 말을
하고 있는 것 같아?

20＿＿ _____

_____

_____

_____

- -

20＿＿ _____

_____

_____

_____

- -

20＿＿ _____

_____

_____

_____

- -

SEPTEMBER 6

아이가 이기적이라는 생각이 든 적이 있나요?
어떤 모습에서 그런 생각을 했나요?

20＿＿

20＿＿

20＿＿

SEPTEMBER 7

가장 친한 친구가 누구야?
그 친구랑 무엇을 하면서 놀 때가 재밌어?

20__ _____

_____

_____

_____

- -

20__ _____

_____

_____

_____

- -

20__ _____

_____

_____

_____

- -

SEPTEMBER 8

부모가 된 입장에서 어머니를 생각하며 지금의 나와
비교해 보면 어떤 생각이 드나요?

20__ _____

_____

_____

_____

- -

20__ _____

_____

_____

_____

- -

20__ _____

_____

_____

_____

- -

SEPTEMBER 9

엄마가 하지 않았으면 하는 행동은 무엇이야?

20_ _ _____

20_ _ _____

20_ _ _____

SEPTEMBER 10

최근 아이가 새롭게 시작한 활동이 있나요?

20__ _____

_____

_____

_____

- -

20__ _____

_____

_____

_____

- -

20__ _____

_____

_____

_____

- -

SEPTEMBER 11

행복이란 뭘까? 너는 언제 행복해?

20___ _____

_____

_____

_____

- -

20___ _____

_____

_____

_____

- -

20___ _____

_____

_____

_____

- -

SEPTEMBER 12

키가 엄청 큰 나무를 보면 어떤 기분이 들어?

20＿＿ _____
_____
_____
- -

20＿＿ _____
_____
_____
- -

20＿＿ _____
_____
_____
- -

SEPTEMBER 13

최근에 아이가 다친 적이 있나요? 어떻게 했나요?

20___ _____

_____

_____

_____

- -

20___ _____

_____

_____

_____

- -

20___ _____

_____

_____

_____

- -

BABY

SEPTEMBER 14

책 읽는 것이 좋아, 싫어?
어디서 책을 읽는 것이 좋아?

20__ _____

_____

_____

_____

20__ _____

_____

_____

_____

20__ _____

_____

_____

_____

SEPTEMBER 15

아이를 처음 만났던 그날을 떠올려 보세요.
그날의 마음과 지금의 마음에 달라진 것이 있나요?

20___

20___

20___

SEPTEMBER 16

선생님한테 어떤 칭찬을 듣고 싶어?

20__ _____
_____
_____
_____

20__ _____
_____
_____
_____

20__ _____
_____
_____
_____

SEPTEMBER 17

깊은 산속에는 무엇이 살고 있을까?

20__ _____

_____

_____

_____

- - - - - - - - - - - - - - - - - -

20__ _____

_____

_____

_____

- - - - - - - - - - - - - - - - - -

20__ _____

_____

_____

_____

- - - - - - - - - - - - - - - - - -

SEPTEMBER 18

최근 아이는 형제자매(혹은 친구)와 무엇을 하다
다투었나요?

20＿＿

20＿＿

20＿＿

SEPTEMBER 19

엄마가 안아 주면 기분이 어때?

20_ _ _____

_____

_____

_____

- - - - - - - - - - - - - - - - - -

20_ _ _____

_____

_____

_____

- - - - - - - - - - - - - - - - - -

20_ _ _____

_____

_____

_____

- - - - - - - - - - - - - - - - - -

SEPTEMBER 20

어떤 신발이 가장 좋아? 왜 그 신발이 좋아?

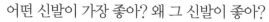

20__ _____

_____

_____

_____

- -

20__ _____

_____

_____

_____

- -

20__ _____

_____

_____

_____

- -

SEPTEMBER 21

아이가 연필을 쥐면 무엇을 그릴 수 있나요?
(선, 동그라미, 세모, 네모, 얼굴, 동물 등)

20＿＿

_____

_____

_____

- -

20＿＿

_____

_____

_____

- -

20＿＿

_____

_____

_____

- -

SEPTEMBER 22

곤충을 본 적 있어?
곤충을 보거나 만졌을 때 어떤 느낌이 들었어?

20＿＿

20＿＿

20＿＿

SEPTEMBER 23

사람들이 너를 왜 좋아하는 것 같아?

20_ _ _____

_____

_____

_____

- -

20_ _ _____

_____

_____

_____

- -

20_ _ _____

_____

_____

_____

- -

SEPTEMBER 24

부모님에게서 받은 가르침 중 아이에게 물려주고
싶은 것이 있다면 무엇인가요?

20___ _____
_____
_____
_____
- -

20___ _____
_____
_____
_____
- -

20___ _____
_____
_____
_____
- -

SEPTEMBER 25

길을 가는데 갑자기 비가 쏟아지고 우산은 없다면
어떻게 할 거야?

20____

20____

20____

SEPTEMBER 26

아이를 보며 나의 어린 시절이 떠올랐던 적이
있나요?

20__ ─────────────────────────────────

20__ ─────────────────────────────────

20__ ─────────────────────────────────

SEPTEMBER **27**

네가 나중에 돈이 많은 부자가 된다면 무엇을 하고 싶어?

20__ _____

_____

_____

_____

- -

20__ _____

_____

_____

_____

- -

20__ _____

_____

_____

_____

- -

SEPTEMBER 28

아이가 거짓말을 한 적이 있나요?
무슨 거짓말이었나요?

20_ _ ⸺

20_ _ ⸺

20_ _ ⸺

SEPTEMBER 29

너는 엄마아빠랑 뭘 할 때 가장 재밌어?

20＿＿ ＿＿＿＿＿＿＿＿＿＿＿＿＿＿＿＿＿＿＿＿＿＿＿

＿＿＿＿＿＿＿＿＿＿＿＿＿＿＿＿＿＿＿＿＿＿＿＿＿

＿＿＿＿＿＿＿＿＿＿＿＿＿＿＿＿＿＿＿＿＿＿＿＿＿

＿＿＿＿＿＿＿＿＿＿＿＿＿＿＿＿＿＿＿＿＿＿＿＿＿

20＿＿ ＿＿＿＿＿＿＿＿＿＿＿＿＿＿＿＿＿＿＿＿＿＿＿

＿＿＿＿＿＿＿＿＿＿＿＿＿＿＿＿＿＿＿＿＿＿＿＿＿

＿＿＿＿＿＿＿＿＿＿＿＿＿＿＿＿＿＿＿＿＿＿＿＿＿

＿＿＿＿＿＿＿＿＿＿＿＿＿＿＿＿＿＿＿＿＿＿＿＿＿

20＿＿ ＿＿＿＿＿＿＿＿＿＿＿＿＿＿＿＿＿＿＿＿＿＿＿

＿＿＿＿＿＿＿＿＿＿＿＿＿＿＿＿＿＿＿＿＿＿＿＿＿

＿＿＿＿＿＿＿＿＿＿＿＿＿＿＿＿＿＿＿＿＿＿＿＿＿

＿＿＿＿＿＿＿＿＿＿＿＿＿＿＿＿＿＿＿＿＿＿＿＿＿

SEPTEMBER **30**

최근 새롭게 알게 된 육아 상식이나 정보가 있다면?

20＿＿

20＿＿

20＿＿

OCTOBER 1

네 친구가 너의 장난감을 빼앗아 가서 안 돌려주면 어떻게 할 거야?

20＿＿ _____

_____

_____

- -

20＿＿ _____

_____

_____

- -

20＿＿ _____

_____

_____

- -

OCTOBER 2

아이와 함께 여행을 간다면 어디로 가고 싶나요?

20＿＿

20＿＿

20＿＿

OCTOBER 3

너는 어떤 음식이 가장 맛있어?
너는 어떤 음식이 가장 먹기 싫어?

20__ _____

_____

_____

_____

20__ _____

_____

_____

_____

20__ _____

_____

_____

_____

230

BABY

OCTOBER 4

식사 시간이 좋아, 싫어? 이유는 뭐야?

20＿＿ _____

_____

_____

_____

- -

20＿＿ _____

_____

_____

_____

- -

20＿＿ _____

_____

_____

_____

- -

OCTOBER 5

아이가 다 컸다는 생각이 든 적이 있다면
언제인가요?

20＿＿ ─────────────────────

────────────────────────────

────────────────────────────

────────────────────────────

- -

20＿＿ ─────────────────────

────────────────────────────

────────────────────────────

────────────────────────────

- -

20＿＿ ─────────────────────

────────────────────────────

────────────────────────────

────────────────────────────

- -

OCTOBER 6

엄마아빠랑 여행을 가는데 네가 가진 장난감 중에
딱 하나만 가져 갈 수 있다면 무엇을 가져 갈 거야?

20____ _____

_____

_____

_____

- -

20____ _____

_____

_____

_____

- -

20____ _____

_____

_____

_____

- -

OCTOBER 7

아이가 한 발을 들고 몇 초 동안 서 있을 수 있나요?

20___ _____

20___ _____

20___ _____

BABY

OCTOBER 8

네가 하늘을 날 수 있는 날개 옷을 입었다면 무엇을
하고 싶어?

20__ _____
_____
_____
_____
- -

20__ _____
_____
_____
_____
- -

20__ _____
_____
_____
_____
- -

BABY

OCTOBER 9

네가 가장 잘하는 건 뭐야?

20＿＿ ————————————————————

20＿＿ ————————————————————

20＿＿ ————————————————————

OCTOBER 10

최근 아이가 위험한 행동을 했다면 무엇인가요?

20__ _____

_____

_____

_____

- -

20__ _____

_____

_____

_____

- -

20__ _____

_____

_____

_____

- -

OCTOBER 11

네가 시키는 대로 다 해 주는 로봇이 생긴다면
무엇을 시킬 거야?

20＿＿ ────────────────────

────────────────────────────

────────────────────────────

────────────────────────────

- - - - - - - - - - - - - - - - - - - -

20＿＿ ────────────────────

────────────────────────────

────────────────────────────

────────────────────────────

- - - - - - - - - - - - - - - - - - - -

20＿＿ ────────────────────

────────────────────────────

────────────────────────────

────────────────────────────

- - - - - - - - - - - - - - - - - - - -

BABY

OCTOBER 12

멀리 가야 한다면 버스, 지하철, 택시 중에서 무엇을
타고 가고 싶어?

20＿＿

20＿＿

20＿＿

OCTOBER 13

아이에게 좋은 습관이 있다면 무엇인가요?

20＿＿ —————————————————————————

_____

_____

_____

_____

20＿＿ —————————————————————————

_____

_____

_____

_____

20＿＿ —————————————————————————

_____

_____

_____

_____

OCTOBER 14

엄마랑 같이 놀러갔는데 엄마를 아무리 찾아도 안 보이면 넌 어떻게 할 거야?

20_ _

20_ _

20_ _

BABY

OCTOBER 15

아빠랑 가장 하고 싶은 놀이는 뭐야?

20__ _____

_____

_____

20__ _____

_____

_____

20__ _____

_____

_____

OCTOBER 16

최근 아이의 일로 속상했던 적이 있다면
언제인가요?

20＿＿

20＿＿

20＿＿

OCTOBER **17**

네 얼굴에서 가장 예쁜 곳은 어디야? 엄마 얼굴에서
가장 예쁜 곳은? 아빠 얼굴에서 가장 예쁜 곳은?

20＿＿

20＿＿

20＿＿

OCTOBER 18

최근 아이가 병원에 간 적이 있다면 무엇
때문인가요? 아이의 반응은 어땠나요?

20_ _ _____

_____

_____

_____

- -

20_ _ _____

_____

_____

_____

- -

20_ _ _____

_____

_____

_____

- -

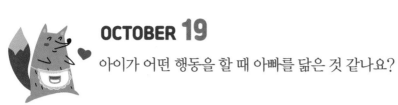

OCTOBER 19

아이가 어떤 행동을 할 때 아빠를 닮은 것 같나요?

20____

- -

20____

- -

20____

- -

OCTOBER 20

아이가 어떤 행동을 할 때 엄마를 닮은 것 같나요?

20__ _____

_____

_____

_____

- - - - - - - - - - - - - - - - - - -

20__ _____

_____

_____

_____

- - - - - - - - - - - - - - - - - - -

20__ _____

_____

_____

_____

- - - - - - - - - - - - - - - - - - -

BABY

OCTOBER 21

네가 읽은 책 속에 나오는 친구 중에 누가 가장 멋져?

20＿＿ _____

_____

_____

_____

- -

20＿＿ _____

_____

_____

_____

- -

20＿＿ _____

_____

_____

_____

- -

OCTOBER 22

집에서 노는 것과 밖에서 노는 것 중에 어느 게 더 좋아?

20__ _____

_____

_____

_____

- -

20__ _____

_____

_____

_____

- -

20__ _____

_____

_____

_____

- -

OCTOBER 23

엄마아빠를 위해 네가 내일 저녁 식사를 차린다면
마트에 가서 무엇을 사 올 거야?

20＿＿ ─────────────────────────

─────────────────────────────────

─────────────────────────────────

─────────────────────────────────

─ ─ ─ ─ ─ ─ ─ ─ ─ ─ ─ ─ ─ ─ ─ ─ ─

20＿＿ ─────────────────────────

─────────────────────────────────

─────────────────────────────────

─────────────────────────────────

─ ─ ─ ─ ─ ─ ─ ─ ─ ─ ─ ─ ─ ─ ─ ─ ─

20＿＿ ─────────────────────────

─────────────────────────────────

─────────────────────────────────

─────────────────────────────────

─ ─ ─ ─ ─ ─ ─ ─ ─ ─ ─ ─ ─ ─ ─ ─ ─

OCTOBER 24

아이가 나를 깜짝 놀라게 한 일이 있다면
무엇인가요?

20__ _____

_____

_____

_____

_____

20__ _____

_____

_____

_____

_____

20__ _____

_____

_____

_____

_____

OCTOBER 25

친구랑 놀다가 화가 난 적이 있었어? 무슨 일이었어?

20_ _ _____

_____

_____

_____

20_ _ _____

_____

_____

_____

20_ _ _____

_____

_____

_____

OCTOBER 26

친구 때문에 화가 났을 때 넌 어떻게 했어?
그럴 때 친구에게 뭐라고 말하면 좋을까?

20_ _

20_ _

20_ _

OCTOBER 27

아이가 기분이 좋을 때 어떻게 표현하나요?
아이가 기분이 나쁠 때 어떻게 표현하나요?

20＿＿ ————————————————————

————————————————————

————————————————————

————————————————————

- - - - - - - - - - - - - - - - - - - -

20＿＿ ————————————————————

————————————————————

————————————————————

————————————————————

- - - - - - - - - - - - - - - - - - - -

20＿＿ ————————————————————

————————————————————

————————————————————

————————————————————

- - - - - - - - - - - - - - - - - - - -

OCTOBER 28

네가 집에 있는데 엄마는 집에 없으면 어떤 기분이
들어?

20_ _ _____

_____

_____

_____

20_ _ _____

_____

_____

_____

20_ _ _____

_____

_____

_____

OCTOBER 29

아이의 옷과 신발 사이즈는 몇인가요?

20___ _____

20___ _____

20___ _____

OCTOBER **30**

김치가 좋아, 싫어? 김치 맛이 어때?

20_ _ _____

_____

_____

_____

- -

20_ _ _____

_____

_____

_____

- -

20_ _ _____

_____

_____

_____

- -

BABY

OCTOBER 31

엄마아빠가 아닌 다른 사람이 네 몸을 만지면 어떻게
해야 할까?

20＿＿ _____

_____

_____

_____

20＿＿ _____

_____

_____

_____

20＿＿ _____

_____

_____

_____

NOVEMBER 1

기차, 비행기, 배 중에 어떤 것을 타고 여행가고
싶어? 어디로 가고 싶어?

20___ _____

_____

_____

_____

- -

20___ _____

_____

_____

_____

- -

20___ _____

_____

_____

_____

- -

BABY

NOVEMBER 2

오늘 기분이 별로 안 좋았던 일은 뭐였어?

20＿＿

20＿＿

20＿＿

NOVEMBER 3

최근 아이가 부린 말썽 중 가장 심한 일은
무엇인가요?

20＿＿

20＿＿

20＿＿

NOVEMBER 4

엄마아빠가 "이제 자자"라고 하면 어떤 기분이 들어?

20___ _____

_____

_____

_____

- -

20___ _____

_____

_____

_____

- -

20___ _____

_____

_____

_____

- -

NOVEMBER 5

너는 누가 가장 무서워? 왜 무서웠어?
그 사람에게 뭐라고 말해 줄까?

20__ _____

_____

_____

_____

- -

20__ _____

_____

_____

_____

- -

20__ _____

_____

_____

_____

- -

NOVEMBER 6

하루가 다르게 성장하는 아이의 모습을 보면 어떤
생각이 드나요?

20__ _____

_____

_____

_____

- -

20__ _____

_____

_____

_____

- -

20__ _____

_____

_____

_____

- -

NOVEMBER 7

이다음에 커서 어떤 사람이 되고 싶어?

20_ _ _____

_____

_____

_____

- -

20_ _ _____

_____

_____

_____

- -

20_ _ _____

_____

_____

_____

- -

BABY

NOVEMBER 8

사람들이 쓰레기를 많이 버려서 지구가 점점 망가지고 있대. 네가 지구를 위해 할 수 있는 일은 무엇일까?

20__ __ _____

_____

_____

20__ __ _____

_____

_____

20__ __ _____

_____

_____

NOVEMBER 9

아이가 배웠으면 좋겠다고 생각하는 악기는
무엇인가요? 아이도 좋아할 것 같나요?

20_ _ _____

_____

_____

_____

- -

20_ _ _____

_____

_____

_____

- -

20_ _ _____

_____

_____

_____

- -

NOVEMBER 10

네가 갑자기 엄지공주처럼 아주 작아진다면 어떨 것 같아?

20___ _____

_____

_____

_____

- -

20___ _____

_____

_____

_____

- -

20___ _____

_____

_____

_____

- -

NOVEMBER 11

아이가 잘하거나 좋아하는 운동은 무엇인가요?

20_ _ ——————————————————————

20_ _ ——————————————————————

20_ _ ——————————————————————

NOVEMBER 12

요즘에 본 나뭇잎은 무슨 색이었어?

20____ _____

_____

_____

_____

- -

20____ _____

_____

_____

_____

- -

20____ _____

_____

_____

_____

- -

NOVEMBER **13**

하늘에다 커다란 그림을 그린다면 무엇을 그리고
싶어?

20＿＿ _____

_____

_____

_____

- -

20＿＿ _____

_____

_____

_____

- -

20＿＿ _____

_____

_____

_____

- -

NOVEMBER 14

요즘 아이에게 어떤 습관을 가르쳐 주고 있나요?

20＿＿

20＿＿

20＿＿

NOVEMBER 15

바닷속을 여행하게 된다면 무엇을 가장 만나 보고
싶어? 만나면 물어 보고 싶은 말이 있어?

20＿＿

20＿＿

20＿＿

NOVEMBER 16

네가 직접 만들어 보고 싶은 것이 있다면 뭐야?

20__ _____

_____

_____

_____

- -

20__ _____

_____

_____

_____

- -

20__ _____

_____

_____

_____

- -

NOVEMBER 17

아이에게 만들어 준 음식 중에 가장 자신 있는
요리는 무엇인가요?

20____ _____

_____

_____

_____

- -

20____ _____

_____

_____

_____

- -

20____ _____

_____

_____

_____

- -

NOVEMBER 18

네가 가게 사장님이 된다면 어떤 가게를 차리고
싶어?

20__ __

20__ __

20__ __

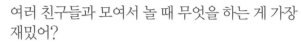

NOVEMBER 19

여러 친구들과 모여서 놀 때 무엇을 하는 게 가장 재밌어?

20__ _____

_____

_____

_____

- -

20__ _____

_____

_____

_____

- -

20__ _____

_____

_____

_____

- -

NOVEMBER 20

할머니, 할아버지가 된 나의 부모님과 최근 아이에 대해 나눈 대화는 무엇인가요?

20__ _____

_____

_____

_____

_ _ _ _ _ _ _ _ _ _ _ _ _ _ _ _ _ _

20__ _____

_____

_____

_____

_ _ _ _ _ _ _ _ _ _ _ _ _ _ _ _ _ _

20__ _____

_____

_____

_____

_ _ _ _ _ _ _ _ _ _ _ _ _ _ _ _ _ _

NOVEMBER 21

너 혼자서 하기 어려운 일은 무엇이야?

20＿＿

20＿＿

20＿＿

NOVEMBER 22

엄마아빠에게 서운하거나 속상했던 적이 있어?

20_ _ _____
_____
_____
_____
- -

20_ _ _____
_____
_____
_____
- -

20_ _ _____
_____
_____
_____
- -

NOVEMBER 23

하루 동안 나 혼자만의 자유시간이 주어진다면
무엇을 하고 싶나요?

20＿＿

_____

_____

_____

- -

20＿＿

_____

_____

_____

- -

20＿＿

_____

_____

_____

- -

NOVEMBER 24

너에게 동생이 새로 생긴다면 여동생과 남동생 중
누가 더 좋을 것 같아? 이유는 뭐야?

20＿＿ ─────────────────────────────

────────────────────────────────

────────────────────────────────

────────────────────────────────

- -

20＿＿ ─────────────────────────────

────────────────────────────────

────────────────────────────────

────────────────────────────────

- -

20＿＿ ─────────────────────────────

────────────────────────────────

────────────────────────────────

────────────────────────────────

- -

NOVEMBER 25

지금 누가 가장 보고 싶어?

20__ _____
_____
_____
_____
_____
- - - - - - - - - - - - - - - - - - - -

20__ _____
_____
_____
_____
_____
- - - - - - - - - - - - - - - - - - - -

20__ _____
_____
_____
_____
_____
- - - - - - - - - - - - - - - - - - - -

NOVEMBER 26

아이와 함께했던 순간 중에 가장 웃겼던 기억은?

20＿＿ ————————————————————————

————————————————————————————————

————————————————————————————————

————————————————————————————————

- -

20＿＿ ————————————————————————

————————————————————————————————

————————————————————————————————

————————————————————————————————

- -

20＿＿ ————————————————————————

————————————————————————————————

————————————————————————————————

————————————————————————————————

- -

NOVEMBER 27

공룡 나라에 놀러갈 수 있다면 공룡과 무엇을 하고 싶어?

20＿＿ _____

_____

_____

_____

- -

20＿＿ _____

_____

_____

_____

- -

20＿＿ _____

_____

_____

_____

- -

NOVEMBER 28

네가 받은 칭찬 중에 가장 기분 좋았던 칭찬은 뭐야?

20＿＿ _____

_____

_____

_____

_____

20＿＿ _____

_____

_____

_____

_____

20＿＿ _____

_____

_____

_____

_____

NOVEMBER 29

아이가 읽을 수 있는 글자가 있나요?
아이가 오늘 읽은 글자는 무엇인가요?

20_ _ _

20_ _ _

20_ _ _

NOVEMBER **30**

오늘 아이는 집에서 어떤 몸놀이를 했나요?

20___ ───────────────────────────

────────────────────────────────────

────────────────────────────────────

────────────────────────────────────

- - - - - - - - - - - - - - - - - - -

20___ ───────────────────────────

────────────────────────────────────

────────────────────────────────────

────────────────────────────────────

- - - - - - - - - - - - - - - - - - -

20___ ───────────────────────────

────────────────────────────────────

────────────────────────────────────

────────────────────────────────────

- - - - - - - - - - - - - - - - - - -

순간순간 깔깔대며 웃고 즐겁고 유쾌했던 추억, '아, 그때 진짜 재밌었지!' 하면서 그때 부모가 줬던 마음 가득 꽉 찬 느낌, 충족감, 이런 것들을 통해서 인생을 잘 겪어 나갈 수 있는 힘을 아이가 얻어 가는 것 같아요. 평생을 단단하게 살아가게 하는 가치관을 결정짓는 데는 지식도 중요하지만 부모와의 좋은 경험도 굉장히 중요합니다.

아이는 그리 대단한 것을 원하지 않아요. 아이는 작은 일상에서도 재미있어하고 즐거워합니다. 대화나 놀이로도 따뜻한 추억은 얼마든지 만들 수 있어요. 연애할 때 '이 사람하고 꼭 잘되고 싶다'는 마음을 가지면 굉장히 정성을 들이게 되잖아요. 그런 마음으로 아이와 시간을 보내세요. 아이는 엄마와 함께 수박을 통통 두드려 고르고 골라온 수박을 반으로 쪼개었을 때 그 빨간 속을 보면서 깔깔대기도 합니다. 아빠와 욕실에서 하는 물총놀이도 신나해요.

부모가 아이에게 줄 수 있는 것은, 돈이나 명예나 학력이 아니에요. 결국 따뜻한 기억, 행복했던 추억뿐입니다. 아이가 부모에게 원하는 것도 결국 그것입니다.

-오은영 지음, 《오은영의 화해》(코리아닷컴, 2019)

아이와 함께한 세 번의 겨울

DECEMBER **1**

이번 크리스마스에 산타클로스 할아버지가 우리 집에 오실까?

20__ _____

_____

_____

_____

20__ _____

_____

_____

_____

20__ _____

_____

_____

_____

DECEMBER 2

추운 겨울이 되면 무엇을 하고 싶어?

20____ _____

_____

_____

_____

- -

20____ _____

_____

_____

_____

- -

20____ _____

_____

_____

_____

- -

DECEMBER 3

아이에게 오늘 칭찬을 몇 번 해 주었나요?
어떤 칭찬이었나요?

20＿＿ _____

_____

_____

_____

- -

20＿＿ _____

_____

_____

_____

- -

20＿＿ _____

_____

_____

_____

- -

DECEMBER 4

네가 만약 운동선수가 된다면 어떤 선수가 되고
싶어?

20＿＿

20＿＿

20＿＿

295

BABY

DECEMBER 5

한 살 더 많아지면, 무엇을 더 잘할 수 있을 것 같아?

20＿＿

20＿＿

20＿＿

DECEMBER **6**

지난번 아이의 생일에 무엇을 했나요?

20＿＿

20＿＿

20＿＿

BABY

DECEMBER 7

감기에 걸리지 않으려면 어떻게 해야 할까?
만약 감기에 걸렸다면 어떻게 해야 할까?

20___ _____

_____

_____

_____

- -

20___ _____

_____

_____

_____

- -

20___ _____

_____

_____

_____

- -

DECEMBER 8

엄마인 내가 슈퍼우먼이라는 생각이 들 때가 있다면
언제인가요?

20__ __

_____

_____

_____

_____

- -

20__ __

_____

_____

_____

_____

- -

20__ __

_____

_____

_____

_____

- -

DECEMBER **9**

지금 뽀뽀해 주고 싶은 사람이 있다면 누구야?

20＿＿ _____

_____

_____

_____

- -

20＿＿ _____

_____

_____

_____

- -

20＿＿ _____

_____

_____

_____

- -

DECEMBER **10**

올해 크리스마스에 어떤 선물을 받고 싶어?

20＿＿

20＿＿

20＿＿

DECEMBER 11

엄마를 보면 어떤 동물이 떠올라? 왜 그렇게 생각해?

20＿＿

20＿＿

20＿＿

DECEMBER 12

아빠를 보면 어떤 동물이 떠올라? 왜 그렇게 생각해?

20__ _____

20__ _____

20__ _____

DECEMBER **13**

올해 아이와 함께 가장 멀리 간 곳은 어디인가요?
그곳에서 아이는 무엇을 했나요?

20____

20____

20____

BABY

DECEMBER **14**

요즘 읽은 책 중에 어떤 책이 가장 재미있어?
그 책이 왜 좋았어?

20____ _____

_____

_____

_____

- -

20____ _____

_____

_____

_____

- -

20____ _____

_____

_____

_____

- -

DECEMBER **15**

네가 한 일 중에 가장 자랑하고 싶은 일은 무엇이야?

20_ _

20_ _

20_ _

DECEMBER 16

친구가 때리거나 물건을 빼앗으면 아이는 어떻게
반응하나요? 그때 엄마는 무슨 말을 해 주었나요?

20＿＿

20＿＿

20＿＿

DECEMBER 17

너는 엄마아빠랑 어디 갔을 때 가장 재밌었어?

20__ _____

_____

_____

_____

- -

20__ _____

_____

_____

_____

- -

20__ _____

_____

_____

_____

- -

BABY

DECEMBER **18**

잠은 왜 자야 할까?

20＿＿ ────────────────────────

──────────────────────────────

──────────────────────────────

──────────────────────────────

- -

20＿＿ ────────────────────────

──────────────────────────────

──────────────────────────────

──────────────────────────────

- -

20＿＿ ────────────────────────

──────────────────────────────

──────────────────────────────

──────────────────────────────

- -

DECEMBER 19

아이와 함께 다른 동네로 이사를 간다면, 살아 보고
싶은 곳이 있나요?

20＿＿

20＿＿

20＿＿

BABY

DECEMBER 20

최근에 가장 슬펐던 일은 뭐였어?

20__ _____

_____

_____

_____

- -

20__ _____

_____

_____

_____

- -

20__ _____

_____

_____

_____

- -

DECEMBER 21

아이를 또래와 비교해 본 일이 있나요?
무엇을 비교했나요?

20__ _____

_____

_____

_____

- -

20__ _____

_____

_____

_____

- -

20__ _____

_____

_____

_____

- -

DECEMBER 22

크리스마스에 엄마아빠랑 무엇을 하고 싶어?

20＿＿ _____

_____

_____

_____

- -

20＿＿ _____

_____

_____

_____

- -

20＿＿ _____

_____

_____

_____

- -

DECEMBER **23**

요즘 아이랑 엄마가 함께 즐겨 보는 TV 프로그램이
있다면 무엇인가요?

20＿＿

20＿＿

20＿＿

DECEMBER 24

만약 오늘 밤 산타클로스 할아버지를 만난다면 무슨 말을 하고 싶어?

20＿＿

20＿＿

20＿＿

DECEMBER **25**

오늘 크리스마스를 보내면서 가장 재미있었던 일은
뭐야?

20____ _____

_____

_____

_____

- -

20____ _____

_____

_____

_____

- -

20____ _____

_____

_____

_____

- -

DECEMBER 26

운동장에서 노는 거랑 수영장에서 노는 것 중에 뭐가
더 좋아? 거기서 무얼 하면서 노는 게 재밌어?

20__

_____

_____

_____

_____

- -

20__

_____

_____

_____

_____

- -

20__

_____

_____

_____

_____

- -

DECEMBER **27**

최근에 엄마한테 무슨 일로 혼났지?
이제는 그 일로 혼나지 않을 것 같아?

20_ _ _____

_____

_____

_____

- -

20_ _ _____

_____

_____

_____

- -

20_ _ _____

_____

_____

_____

- -

DECEMBER **28**

최근에 아빠한테 무슨 일로 혼났지?
이제는 그 일로 혼나지 않을 것 같아?

20__ _____

_____

_____

_____

- -

20__ _____

_____

_____

_____

- -

20__ _____

_____

_____

_____

- -

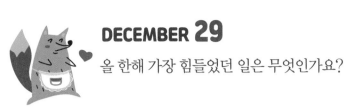

DECEMBER **29**

올 한해 가장 힘들었던 일은 무엇인가요?

20＿＿ ─────────────────────────────

─────────────────────────────────────

─────────────────────────────────────

─────────────────────────────────────

20＿＿ ─────────────────────────────

─────────────────────────────────────

─────────────────────────────────────

─────────────────────────────────────

20＿＿ ─────────────────────────────

─────────────────────────────────────

─────────────────────────────────────

─────────────────────────────────────

DECEMBER **30**

올 한해 가장 기억에 남는 아이와의 추억은
무엇인가요?

20＿＿

20＿＿

20＿＿

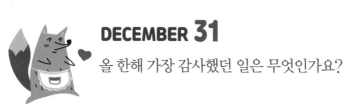

DECEMBER **31**

올 한해 가장 감사했던 일은 무엇인가요?

20＿＿

20＿＿

20＿＿

JANUARY **1**

새해가 되었어. 설날에 세뱃돈을 받으면 무엇을 하고
싶어?

20＿＿ _____

_____

_____

_____

- -

20＿＿ _____

_____

_____

_____

- -

20＿＿ _____

_____

_____

_____

- -

JANUARY 2

너는 이제 한 살 더 많아졌어. 기분이 어때?

20__

20__

20__

JANUARY **3**

새해가 되어 아이에게 더 기대하는 점이 있다면
무엇인가요?

20＿＿

─────────────────

20＿＿

─────────────────

20＿＿

─────────────────

JANUARY 4

오늘 밤하늘에 뜬 달은 어떤 모양이야?
달에게 인사를 건네 볼래?

20＿＿

20＿＿

20＿＿

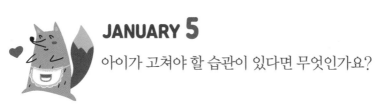

JANUARY 5

아이가 고쳐야 할 습관이 있다면 무엇인가요?

20__ __

20__ __

20__ __

JANUARY **6**

너랑 엄마아빠랑 자기 전에 뭐라고 인사하지?

20___ _____

_____

_____

_____

- -

20___ _____

_____

_____

_____

- -

20___ _____

_____

_____

_____

- -

JANUARY 7

할머니, 할아버지 만난 일 중에 가장 기억에 남는
일은 무엇이야?

20___

20___

20___

JANUARY 8

아이가 특별히 좋아하거나 잘하는 것이 있다면
무엇인가요?

20__ _____

_____

_____

_____

20__ _____

_____

_____

_____

20__ _____

_____

_____

_____

JANUARY 9

집에서 동물을 키운다면, 어떤 동물을 키워 보고
싶어? 이름은 뭐라고 붙일 거야?

20＿＿ _____

_____

_____

_____

- -

20＿＿ _____

_____

_____

_____

- -

20＿＿ _____

_____

_____

_____

- -

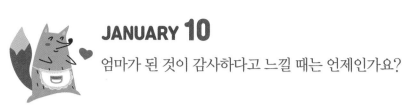

JANUARY 10

엄마가 된 것이 감사하다고 느낄 때는 언제인가요?

20＿＿ _____

_____

_____

_____

- -

20＿＿ _____

_____

_____

_____

- -

20＿＿ _____

_____

_____

_____

- -

JANUARY **11**

지금 너의 소원은 뭐야? 두 가지만 말해 봐.

20__ __

_____

_____

_____

_____

20__ __

_____

_____

_____

_____

20__ __

_____

_____

_____

_____

JANUARY 12

너는 언제 가장 무서워? 무서울 땐 어떻게 할 거야?

20____ _____

_____

_____

_____

- -

20____ _____

_____

_____

_____

- -

20____ _____

_____

_____

_____

- -

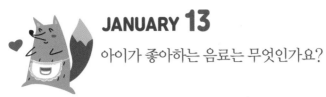

JANUARY 13

아이가 좋아하는 음료는 무엇인가요?

20__ _____

_____

_____

_____

- -

20__ _____

_____

_____

_____

- -

20__ _____

_____

_____

_____

- -

JANUARY **14**

최근 네가 만났던 사람들 중에서 "고맙습니다" 하고
인사하고 싶은 사람은 누구야? 이유는 뭐야?

20＿＿ _____

_____

_____

_____

- -

20＿＿ _____

_____

_____

_____

- -

20＿＿ _____

_____

_____

_____

- -

JANUARY **15**

오늘 친구랑 어떤 이야기를 나누었어?

20＿＿

20＿＿

20＿＿

JANUARY 16

아이가 오늘 어떤 옷을 입었나요?
최근에 아이가 좋아하는 옷이 있나요?

20＿＿

20＿＿

20＿＿

JANUARY **17**

오늘 엄마 때문에 화나거나 속상한 일 있었어?
무슨 일이었어?

20_ _

_____

20_ _

_____

20_ _

_____

JANUARY **18**

친구들이 서로 싸우는 모습을 본다면 너는 어떻게 할 거야?

20___

20___

20___

JANUARY 19

내게 지금 필요한 것은 무엇인가요?

20＿＿

20＿＿

20＿＿

JANUARY 20

방귀 뀐 적 있어? 방귀는 왜 나올까?

20＿＿ _____

20＿＿ _____

20＿＿ _____

JANUARY 21

만약 네가 하늘을 날아다닐 수 있다면 어떤 일이
일어날까?

20＿＿ _____

_____

_____

_____

- -

20＿＿ _____

_____

_____

_____

- -

20＿＿ _____

_____

_____

_____

- -

JANUARY 22

요즘 아이가 가장 크게 웃었던 일이 있다면
무엇인가요?

20__ _____

_____

_____

_____

- -

20__ _____

_____

_____

_____

- -

20__ _____

_____

_____

_____

- -

JANUARY 23

지금까지 네가 받은 선물 중에 가장 마음에 들었던
선물은 뭐야?

20__ ────────────────────────────

──────────────────────────────────

──────────────────────────────────

──────────────────────────────────

- -

20__ ────────────────────────────

──────────────────────────────────

──────────────────────────────────

──────────────────────────────────

- -

20__ ────────────────────────────

──────────────────────────────────

──────────────────────────────────

──────────────────────────────────

- -

JANUARY **24**

친구가 울고 있다면 너는 어떻게 해 줄 거야?

20__ _____

_____

_____

_____

- -

20__ _____

_____

_____

_____

- -

20__ _____

_____

_____

_____

- -

JANUARY 25

엄마랑 한 약속 중에 네가 지키지 않은 것이 있다면
뭘까? 혹시 엄마가 지키지 않은 것이 있다면 뭘까?

20__ _____

_____

_____

- -

20__ _____

_____

_____

- -

20__ _____

_____

_____

- -

JANUARY 26

아이를 위해 명언이나 일화 하나를 이야기해 준다면
무엇인가요?

20＿＿ _____

_____

_____

_____

- -

20＿＿ _____

_____

_____

_____

- -

20＿＿ _____

_____

_____

_____

- -

JANUARY **27**

집에서 무얼 하며 놀 때가 가장 재밌어?

20____

_____

_____

_____

- -

20____

_____

_____

_____

- -

20____

_____

_____

_____

- -

JANUARY 28

글자 쓰기랑 숫자 놀이랑 그림 그리기 중에 뭐가 더 좋아?

20＿＿ _____

_____

_____

_____

- -

20＿＿ _____

_____

_____

_____

- -

20＿＿ _____

_____

_____

_____

- -

JANUARY 29

아이랑 무엇을 할 때 가장 즐거운가요?

20＿＿

20＿＿

20＿＿

JANUARY **30**

아빠가 언제 가장 멋져 보여?

20＿＿ _____

_____

_____

_____

- -

20＿＿ _____

_____

_____

_____

- -

20＿＿ _____

_____

_____

_____

- -

JANUARY **31**

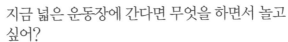

지금 넓은 운동장에 간다면 무엇을 하면서 놀고
싶어?

20＿＿

20＿＿

20＿＿

FEBRUARY 1

오늘 아이에게 마음 가득 사랑을 표현했나요?
어떻게 표현했나요?

20___ _____

_____

_____

_____

- -

20___ _____

_____

_____

_____

- -

20___ _____

_____

_____

_____

- -

FEBRUARY 2

친구가 부러웠던 적이 있어? 어떤 점이 부러웠어?

20＿＿ ──────────────────

20＿＿ ──────────────────

20＿＿ ──────────────────

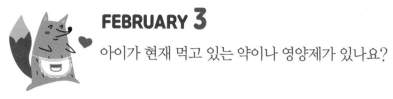

FEBRUARY 3

아이가 현재 먹고 있는 약이나 영양제가 있나요?

20＿＿

20＿＿

20＿＿

FEBRUARY 4

네가 엄마를 칭찬해 준다면 뭐라고 칭찬해 줄 거야?

20＿＿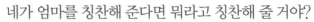

20＿＿

20＿＿

FEBRUARY 5

엄마아빠가 다투는 걸 본 적이 있어?
그때 네 마음은 어땠어?

20____ _____

_____

_____

_____

- -

20____ _____

_____

_____

_____

- -

20____ _____

_____

_____

_____

- -

FEBRUARY 6

봄, 여름, 가을, 겨울 중에 언제가 가장 좋아?
이유가 뭐야?

20__ _____

_____

_____

- -

20__ _____

_____

_____

- -

20__ _____

_____

_____

- -

FEBRUARY 7

당신에게 지금 누군가 응원이나 위로를 건넨다면,
어떤 말을 듣고 싶나요?

20__ _____

_____

_____

- -

20__ _____

_____

_____

- -

20__ _____

_____

_____

- -

FEBRUARY 8

네가 나무가 된다면 어떤 열매를 만들고 싶어?

20＿＿

20＿＿

20＿＿

FEBRUARY 9

아이가 다 자라 엄마 품을 떠나 독립하는 날,
아이에게 어떤 말을 하고 싶나요?

20＿＿

20＿＿

20＿＿

FEBRUARY 10

정글에 놀러 간다면 무엇이 가장 어렵거나 힘들까?
너는 그걸 어떻게 이겨 낼 거야?

20_ _

20_ _

20_ _

FEBRUARY 11

엄마로서 아이를 훈육할 때 나만의 훈육 방식이나
원칙이 있나요?

20__ _____

_____

_____

- -

20__ _____

_____

_____

- -

20__ _____

_____

_____

- -

FEBRUARY 12

아침 식사 때 무얼 먹는 것이 좋아?

20__ _____

_____

_____

_____

20__ _____

_____

_____

_____

20__ _____

_____

_____

_____

FEBRUARY **13**

최근에 아이와 함께 간 식당은 어디인가요?
무엇을 먹었나요? 아이의 식사량은 얼마나 되나요?

20＿＿

20＿＿

20＿＿

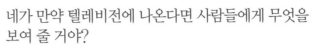

FEBRUARY 14

네가 만약 텔레비전에 나온다면 사람들에게 무엇을
보여 줄 거야?

20__ _____

_____

_____

_____

- -

20__ _____

_____

_____

_____

- -

20__ _____

_____

_____

_____

- -

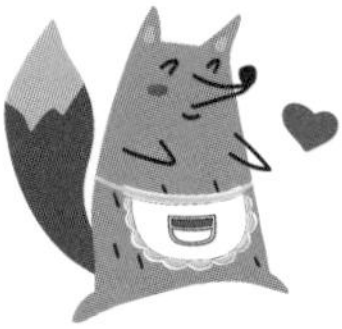

FEBRUARY 15

최근 아이에게 감동받은 일이 있다면 무엇인가요?

20__

20__

20__

FEBRUARY 16

엄마가 어떤 옷을 입었을 때가 가장 예뻐?
네가 좋아하는 엄마 옷을 말해 봐.

20＿＿

20＿＿

20＿＿

FEBRUARY **17**

네가 아빠에게 선물을 해 준다면 무엇을 주고 싶어?

20＿＿

20＿＿

20＿＿

FEBRUARY **18**

네가 엄마에게 선물을 해 준다면 무엇을 주고 싶어?

20＿＿

20＿＿

20＿＿

FEBRUARY 19

아이가 방이나 장난감 정리를 잘하나요?
부족한 점은 무엇인가요?

20__ _____

_____

_____

_____

- -

20__ _____

_____

_____

_____

- -

20__ _____

_____

_____

_____

- -

FEBRUARY **20**

아이를 대하는 나의 모습 중에서 고쳤으면 하는 부분이 있다면?

20_ _ _____

20_ _ _____

20_ _ _____

BABY

FEBRUARY 21

지금 다른 집에 놀러갈 수 있다면 누구네 집으로
가고 싶어? 이유가 뭐야?

20＿＿

20＿＿

20＿＿

FEBRUARY 22

최근에 아이가 만든 놀잇감은 무엇인가요?

20__ _____

_____

_____

_____

20__ _____

_____

_____

_____

20__ _____

_____

_____

_____

FEBRUARY 23

너의 어떤 모습이 가장 멋진 것 같아?

20＿＿

20＿＿

20＿＿

FEBRUARY 24

나에게 힐링이 되는 장소나 사람이 있나요?

20_ _ _____

20_ _ _____

20_ _ _____

BABY

FEBRUARY 25

최근에 블록으로 만든 것 중에 가장 멋있는 건
뭐였어?

20__ __

20__ __

20__ __

FEBRUARY 26

아이와 함께했던 순간 중에 가장 슬펐던 기억은?

20_ _ _____

_____

_____

- - - - - - - - - - - - - - - - - -

20_ _ _____

_____

_____

- - - - - - - - - - - - - - - - - -

20_ _ _____

_____

_____

- - - - - - - - - - - - - - - - - -

FEBRUARY **27**

오늘 밤에 아빠를 위해 무엇을 해 드릴 수 있을까?

20＿＿ _____

_____

_____

- -

20＿＿ _____

_____

_____

- -

20＿＿ _____

_____

_____

- -

FEBRUARY 28

지금 아이에게 짧은 편지를 쓴다면 뭐라고 쓰고
싶나요?

20＿＿

20＿＿

20＿＿

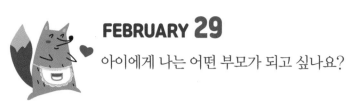

FEBRUARY **29**

아이에게 나는 어떤 부모가 되고 싶나요?

20__ __ _____

_____

_____

_____

- -

20__ __ _____

_____

_____

_____

- -

20__ __ _____

_____

_____

_____

- -

for Mom

아이는 세상에서 엄마를
가장 좋아한다.

단 한 사람,
엄마에게 인정을 받고 싶어 하고,
이해해주기를 바라고,
말을 들어주기를 바라고,
많은 이야기를 하고 싶어
가슴이 설렌다.

그렇기 때문에 엄마가
잘 들어주어야 한다.
잘 말해주어야 한다.

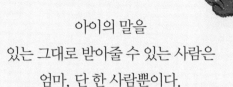

아이의 말을
있는 그대로 받아줄 수 있는 사람은
엄마, 단 한 사람뿐이다.

– 아마노 히카리 지음, 《말 쫌 통하는 엄마》(나무생각, 2020)

너는 얼마나 자랐을까?

1판 1쇄 2020년 2월 25일 발행

구성 · 코리아닷컴 편집팀
그림 · 박은영
펴낸이 · 김정주
펴낸곳 · ㈜대성 Korea.com
본부장 · 김은경
기획편집 · 이향숙, 김현경
디자인 · 문 용
영업마케팅 · 조남웅
경영지원 · 공유정, 마희숙

등록 · 제300-2003-82호
주소 · 서울시 용산구 후암로 57길 57 (동자동) ㈜대성
대표전화 · (02) 6959-3140 | 팩스 · (02) 6959-3144
홈페이지 · www.daesungbook.com | 전자우편 · daesungbooks@korea.com

ISBN 979-11-90488-08-2 (03590)
이 책의 가격은 뒤표지에 있습니다.

Korea.com은 ㈜대성에서 펴내는 종합출판브랜드입니다.
잘못 만들어진 책은 구입하신 곳에서 바꾸어 드립니다.

이 도서의 국립중앙도서관 출판시도서목록(CIP)은 e-CIP홈페이지(http://
www.nl.go.kr/ecip)와 국가자료공동목록시스템(http://www.nl.go.kr/
kolisnet)에서 이용하실 수 있습니다.(CIP제어번호: CIP 2020005409)